建筑施工从业人员
体验式安全教育培训考核手册

北京城市副中心行政办公区工[illegible]指挥部

U0225163

中国建筑工业出版社

图书在版编目（CIP）数据

建筑施工从业人员体验式安全教育培训考核手册 / 北京城市副中心行政办公区工程建设指挥部. — 北京：中国建筑工业出版社，2017.6

ISBN 978-7-112-20917-0

Ⅰ. ①建…　Ⅱ. ①北…　Ⅲ. ①建筑工程 — 工程施工 — 安全培训 — 教材　Ⅳ. ① TU714

中国版本图书馆 CIP 数据核字（2017）第 132659 号

本书内容包括个人安全防护用品体验；高处作业体验；机械作业体验；临时用电体验；火灾事故体验；有限空间作业体验；动土作业体验；VR虚拟现实技术体验；日常作业体验。

本书适合作为建筑施工从业人员体验式安全教育培训考核教材。

责任编辑：张　磊　范业庶
版式设计：京点设计
责任校对：王宇枢　李美娜

建筑施工从业人员体验式安全教育培训考核手册
北京城市副中心行政办公区工程建设指挥部
*
中国建筑工业出版社出版、发行（北京海淀三里河路9号）
各地新华书店、建筑书店经销
北京京点图文设计有限公司制版
北京云浩印刷有限责任公司印刷
*
开本：787×1092毫米　1/32　印张：1¾　字数：39千字
2017年7月第一版　2017年7月第一次印刷
定价：15.00 元
ISBN 978-7-112-20917-0
（30566）

版权所有　翻印必究
如有印装质量问题，可寄本社退换
（邮政编码 100037）

编写委员会

主　　编：曾　勃

副 主 编：陈大伟　韩　萍　杨金锋

编写人员：（按姓氏笔画）

于伟杰　马　川　王天赐　王园园

王维宇　王静宇　汤玉军　卢希峰

任　冬　李　丁　李倩倩　杨　顺

吴　晗　沈　洪　张　迪　张广耀

陈　晨　陈卫卫　陈燕鹏　金柴君

周凯辉　赵晨阳　郝正可　郭　旭

董建伟　解金箭　雒智铭　霍田家

体验须知

您好！欢迎您参加体验式建筑安全教育培训，感谢您对我们的信任与支持，也真诚地希望您在体验过程中能够有所感悟和收获。

本手册适用于体验场馆（基地）培训讲解人员、施工总承包单位的项目管理人员、专业分包单位的项目管理人员、劳务分包单位的管理人员和所有在一线参与施工的作业工人。

本手册对体验式培训项目进行了详细的讲解说明，包括体验目的、体验要求流程和注意事项等主要环节，为体验式培训教材提供支撑和辅助。

建筑业是一个危险性较大的行业，施工现场存在很多不确定的危险因素。体验式建筑安全教育培训以最直接的视觉、听觉和触觉让受训人员进行亲身体验和心灵感悟，更好地提高施工从业人员对于施工作业危险的认知程度，切实增强安全意识，掌握安全操作技能、安全规范知识和必要的安全救护知识。

请您认真阅读本手册，体验培训中遵守纪律，服从指挥。体验前如感觉身体不适，请务必报告！如果在体验过程中您有什么问题和建议，请及时反馈给我们。

为了自己，为了家人，请记住生命第一，安全从我做起！

为了你的生命
安全

请遵章守纪

培训人员信息

姓　　名		性　　别		照片
身份证号		工　　种		
所属单位		所在项目		
联系方式		教育程度		
健康状况		培训地点		

1.参加的体验培训项目

2.所学内容

3.培训心得

4.其他建议

体验教育培训记录

（填写接受体验式安全教育培训时间、内容、学时和考核等情况）

培训基地（场馆）盖章

目 录

1 个人安全防护用品体验

在建筑施工现场常用的个人防护用品主要有：安全帽、反光背心、安全靴 / 鞋、绑腿、安全眼镜、听力保护器、安全防护手套、呼吸保护器、安全带及其附属设备、救生衣 / 背心（水上作业中）等。

1.1 个人安全防护用品着装展示

通过模特展示特殊工种着装、施工现场安全标准着装，并与错误着装对比，形象、生动地教育体验者如何正确使用防护用品。

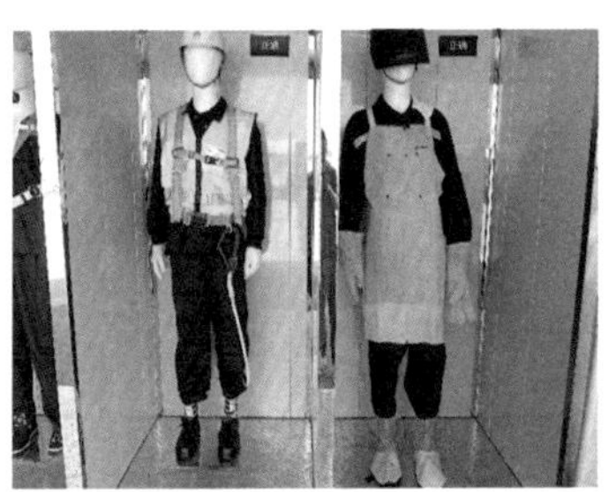

图 1-1 安全标准着装展示

图 1-1 中所展示的是生产过程中所必须配备的个人防护用品，右边为施工现场中的特种作业工种——焊工的一身安全标准着装，由滤光镜、绝缘手套，以及绝缘鞋组成；左边为施工中普通作业人员所穿戴的安全标准着装，由安全帽、反光背心、安全带、防滑手套、裤腿绑带、绝缘鞋组成。

1.2 安全帽撞击体验

在正确佩戴合格安全帽的情况下，体验物体打击，并与劣质安全帽、错误佩戴所产生的不同后果对比，感受安全帽对头部防护的重要性，从而增强体验者自觉并正确佩戴合格安全帽的意识。体验项目如图 1-2 所示。

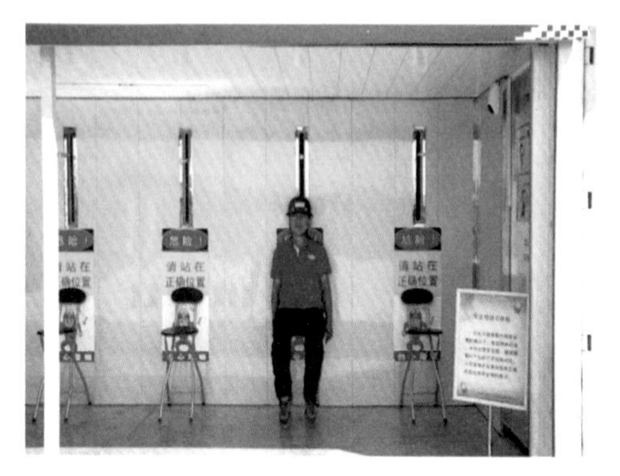

图 1-2　安全帽撞击体验

1. 体验要求和流程

（1）体验者佩戴安全帽，戴正、戴稳并系上帽带，端坐于体验位置。

（2）由培训师遥控铁棒落下砸到体验者安全帽上，让体验者对比与不戴安全帽砸到头部的情形。

（3）体验结束，铁棒回到初始位置后，体验者再离开体验位置。

2. 体验注意事项

（1）体验前，检查体验设备及安全帽是否有故障及缺陷。

（2）体验者必须佩戴安全帽且穿戴完毕后，头部和背部紧靠墙体，安全帽帽壳中心正对铁棒下落的方向。

（3）必须系好下颌带，安全帽必须戴正、戴稳。

1.3　安全带佩戴体验

通过提升设备将系好安全带的体验者提升至高空，目的是让体验者感受到高处坠落中安全带的重要性。并通过体验不同类型的安全带使体验者掌握正确的佩戴方法。体验项目如图 1-3 所示。

图 1-3　安全带佩戴体验

1. 体验要求和流程

（1）培训师向体验者讲解安全带使用标准。

（2）选取或指定对此项目感兴趣的体验者进行体验，培训师协助体验者佩戴好安全带，并检查无误。

（3）启动按钮，提升器将体验者缓慢提起，提升到一定高度时，提升器瞬间自由落体 1m，体验者感受三点式和五点式安全带对人体的支撑程度，以及安全带对人体的冲击力。

（4）悬空 5s 后，缓慢放下体验者，询问体验者在体验完这两种安全带的安全性能、支撑程度的不同感受。

2. 体验注意事项

（1）使用前对设备进行全面检查。检查提升器是否有异常、绳索是否有破损、安全带是否能够正常使用、开关是否灵敏。

（2）指导体验者正确佩戴安全带，不要太松或太紧，太松支撑不到位，起不到作用；太紧容易对体验者胸腔造成压迫。

（3）体验者落下后，应及时调整呼吸，如有任何不适请立即告知培训师。

1.4 安全鞋冲击体验

在安全鞋冲击体验中，体验者可穿上安全鞋进行穿刺、重砸体验，并与普通鞋对比后果，从而使体验者了解施工现场常见足部伤害类型并认识安全鞋的重要作用。体验项目如图 1-4 所示。

图 1–4　安全鞋冲击体验

1. 体验要求和流程

（1）由培训师讲解施工现场常见足部伤害类型与安全鞋对足部防护的意义（防砸、防刺穿、防滑、绝缘等）。

（2）选取对此项体验感兴趣的体验者穿着安全鞋，将足部踩到体验位置，并将安全鞋前端内含钢板的部分正对铁棒下落的位置。

（3）由培训师遥控使铁棒落下砸到安全鞋前端，让体验者认识安全鞋的重要作用。

2. 体验注意事项

体验者必须穿着合格的安全鞋，将足部踩到合适的体验位置。

1.5 噪声振动体验

向体验者介绍在建筑施工时噪声对人体健康带来的各种伤害。通过体验各种分贝的噪声，让体验者了解在噪声环境下可能的伤害，并掌握护听器的正确使用方法。体验项目如图 1-5 所示。

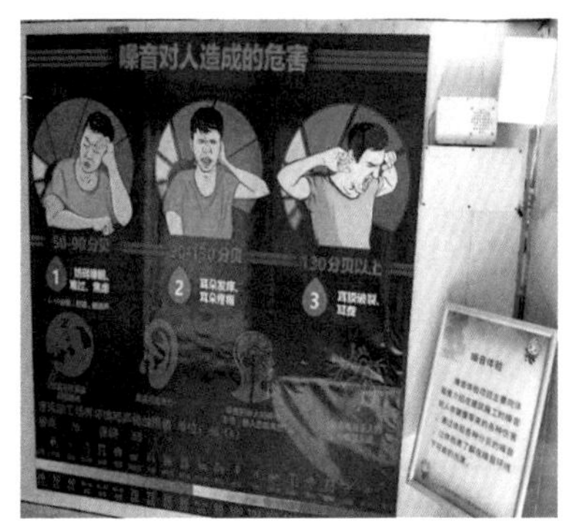

图 1–5　噪声体验

1. 体验要求和流程

（1）选取或指定对此项目感兴趣的体验者进行体验，培训师协助体验者佩戴好安全防护耳罩，并检查无误。

（2）开启噪声体验设备，通过体验各种分贝的噪声，让体验者了解在噪声环境下可能的伤害。

2. 体验注意事项

切勿将室内噪声音量调节至对人耳有害的大小。

1.6　个人安全防护用品体验考核

1. 填空题

（1）安全帽必须符合国标《安全帽》GB 2811 的规定，购买安全帽必须检查是否具有______、______、______三个证。

（2）利用安全带进行悬挂作业时，不能将挂钩直接挂在安全带上，应钩在______。

（3）安全鞋具备______、______、______等功能。

2. 选择题

（1）噪声在超过（　）dB 时会出现耳朵发痒、疼痛感觉。

A. 50　　B. 70　　C. 90　　D. 100

（2）安全带使用（　　）m 以上的长绳要加缓冲器。

A. 1　　B. 2　　C. 3　　D. 4

3. 判断题（正确的打√，不正确的打×）

（1）安全带的使用原则是高挂低用。（　　）

（2）安全带要挂在上方牢固可靠处，高度低于底部。（　　）

2　高处作业体验

国家标准《高处作业分级》GB/T 3608-2008 规定："凡在坠落高度基准面 2m 以上（含 2m）有可能坠落的高处进行的作业，都称为高处作业。"

2.1　洞口坠落体验

为减少高处作业中洞口坠落事故的发生，本项目通过气动设备模拟了预留洞口等坠落场景，体验者可亲自感受洞口处的突然坠落，并学习突发坠落时的自我保护知识。体验项目如图 2-1 所示。

图 2-1　洞口坠落体验设施

1. 体验要求和流程

（1）培训师向体验者讲解有关洞口作业安全知识。

（2）选取或指定对此项目感兴趣的体验者进行体验。培训师向体验者强调准备坠落动作要领，要求体验者采用蹲马步的姿势站立，双臂交叉，手放置于肩部，如图 2-2 所示。

图 2-2　洞口坠落正确体验姿势

（3）体验者准备就绪后，与其交谈聊天，转移其大脑注意力。两名培训师对接成功后，由另一名培训师启动按钮，模拟洞口盖板瞬间打开，体验者随即坠落，下方海绵泡沫作为保护措施。

（4）坠落后，要求体验者不得立即起身离开，稍作休息，防止由于惯性而晕倒。

（5）体验者假设下方无保护措施，体验坠落后结果的严重性，从而正确预防因不良开口部的处理而引起的坠落事故。

2. 体验注意事项

（1）使用前对设备进行全面检查。检查洞口盖板是否牢固、开关是否灵敏、海绵球数量是否能够起到保护作用。

（2）体验前询问体验者，是否有心脏病、高血压、恐高症之类的病症，有此病症者一律不准体验此项目。

（3）收集体验者的手机、钱包、眼镜等随身物品，体验完毕后交还给体验者。

（4）确保体验者做好安全坠落准备动作。

2.2　移动式操作架倾倒体验

为减少高处作业中移动式操作架倾倒事故的发生，项目设置了正确和错误的移动操作架模型，让体验者可以直观学习移动操作架使用要点，并可进行不良情况下的倾倒体验。体验项目如图2-3所示。

图 2-3 移动式操作架倾倒体验设施

1. 体验要求和流程

图 2-4 移动式操作架倾倒正确体验姿势

（1）通过体验合格与劣质两种操作架，能够掌握移动式操作架的正确使用方法，以及在使用中应注意的问题，在施工过程中确保人身安全。

（2）培训师向体验者讲解施工现场移动式操作架的使用规定。

（3）选取或指定对此项目感兴趣的体验者进行体验，可以一次上两名体验者，小心登上劣质操作架顶部，并将各自安全带挂在护栏上。

（4）由一名体验者提拉系有绳子的木桶，当木桶升至一定高度时，操作架整体向提拉木桶侧发生倾斜。

（5）体验者会突然感受到由于平台的倾倒带来的触觉冲击，从而深刻牢记要使用合格的移动式操作架。

2. 体验注意事项

（1）体验前对设备进行全面检查。检查脚轮及刹车是否正常；检查所有门架、交叉杆、脚踏板有无锈蚀、开焊、变形或损伤；检查安全围栏安装、所有连接件连接是否牢固，有无变形或损伤。

（2）体验者正确上爬，面朝梯子身体减少晃动，保持上身与梯子平行，并注意鞋与梯子是否打滑。如太阳暴晒过后，梯子较烫，给体验者佩戴手套攀爬。

（3）体验者在操作平台上切勿随意走动，面向水桶一侧，缓慢提水桶。

2.3　人字梯倾倒体验

设置了同比例人字梯模型，体验者可亲身操作使用，当操作不标准时会触发系统出现倾倒。体验者可生动地学习人字梯正确的使用方法及注意事项。体验项目如图 2-5 所示。

图 2-5　人字梯倾倒体验

1. 体验要求和流程

通过体验，认知人字梯倾倒的危险性，掌握垂直爬梯的正确使用方法和安全防护要求。

（1）讲解垂直爬梯的安装标准和使用方法。

（2）选取或指定对此项目感兴趣的体验者进行体验。体验者爬上人字梯大概两阶后，手紧握梯子，做好准备。

（3）培训师按下按钮，人字梯发生侧倾。待梯子恢复原位稳定后，体验者下来。

（4）让体验者感受攀爬人字梯倾斜时带来的严重后果。

2. 体验注意事项

体验前对设备进行全面检查。检查架体各连接件是否连接牢固，安全铰链是否结实，如图 2-6 所示。

图 2-6　人字梯倾倒体验安全铰链连接

2.4　垂直爬梯倾倒体验

通过气动装置模拟了垂直爬梯倾覆场景，使体验者认识到垂直爬梯倾倒的危害，掌握爬梯的使用方法及其注意事项。体验项目如图 2-7 所示。

1. 体验要求和流程

通过体验，认知垂直爬梯倾倒的危险性，掌握垂直爬梯的正确使用方法和安全防护要求。

图 2-7　垂直爬梯倾倒体验设施

（1）讲解垂直爬梯的安装标准和使用方法。

（2）选取或指定对此项目感兴趣的体验者进行体验。要求体验者提前挂好安全带，做好自我保护，分别体验优质与劣质垂直爬梯。

（3）当体验者攀爬劣质垂直梯到一定高度时，培训师按下按钮，梯子会发生约 30° ~ 40° 左右倾斜。倾斜后，缓慢使梯子恢复原位，体验者面向梯子下来。

图 2-8　垂直爬梯倾倒正确体验姿势

（4）让体验者感受攀爬劣质垂直梯子倾斜时带来的严重后果。

2. 体验注意事项

体验前对设备进行全面检查。检查架体各连接件是否连接牢固，开关是否灵敏。如太阳暴晒过后，梯子较烫，给体验者佩戴手套攀爬。

2.5 防护栏杆倾倒体验

体验者在脚手架护栏停靠时，局部栏杆会突然倾倒，感受不良护栏的危险性，栏杆防护不到位对施工人员造成的危害，以此了解护栏的作用并提高防范意识。体验项目如图 2-9 所示。

图 2-9 防护栏杆体验设施

1. 体验要求和流程

（1）讲解防护栏杆的连接与搭设要求。

（2）培训师对体验者讲解栏杆发生事故的原因。经常由于作业人员随意拆除防护栏杆，而拆除之后又未及时恢复到原位，也没有对其他作业人员进行安全交底，或者直接未搭设防护栏杆，从而造成高处坠落事故。

（3）选取或指定对此项目感兴趣的体验者进行体验。培训师指导体验者将安全带挂在安全栏杆上，身体接近防护栏杆横杆被包裹处，如图 2-10 所示。

图 2-10　防护栏杆正确体验姿势

（4）体验者准备就绪后，与其交谈聊天，转移其大脑注意力。培训师启动按钮，安全栏杆瞬间倾斜。

（5）假设栏杆无安全保护措施，想象劣质护栏倾倒时可能带来的严重后果。

2. 体验注意事项

体验前对设备进行全面检查。检查包裹绵是否包裹牢靠，连接件连接是否牢固，安全立网是否封闭，按钮开关是否灵敏。

2.6　高处作业体验考核

1. 填空题

（1）建筑施工现场常见的“四口”为________、________、________、________。“五临边”为________、________、________、________、________。

（2）人字梯使用时上部夹角以________度为宜。

（3）楼梯未安装正式防护栏杆前，必须搭设高度不低于________m 高的防护栏杆。

（4）高处作业时手持工具和零星物料应放在________内。

（5）高处作业指的是凡在坠落高度基准________m 以上（含________m）有可能坠落的高处进行的作业。

2. 选择题

（1）使用垂直爬梯进行攀登作业时，攀登高度以 5m 为宜。超过（　）m 时，宜加设护笼。

A. 1　　B. 2　　C. 3　　D. 4

（2）移动式操作平台的面积不应超过（　）m^2。

A. 5　　B. 10　　C. 15　　D. 20

3. 判断题（正确的打√，不正确的打 ×）

（1）在使用移动式操作架时，将滚轮作为架体支撑点。（　）

（2）作业人员站在人字梯顶部绞轴处进行作业。（　）

（3）可以攀爬龙门架、外用电梯、塔吊塔身或穿越龙门架、井字架。（　）

3　机械作业体验

建筑施工机械是指用于工程建设的机械的总称。在选择施工方法时，必然涉及施工机械的选择。建筑工程施工机械根据不同分部工程的用途，可分为基础工程机械、土方机械、钢筋混凝土施工机械、起重机械、装饰工程机械。

3.1　吊装作业体验

模拟施工现场吊装作业，设置了错误吊装方式的实物模型及吊具模型，使体验者学习各类吊装相关知识。体验项目如图 3-1 所示。

图 3-1　吊装作业体验

体验要求和流程：

（1）吊运作业体验区设置有模拟微型塔吊，模拟塔吊展示了真实的塔吊结构、限位器，限载器，吊笼、吊具、索具等内容。塔吊吊笼有多种错误吊装方式，分别是吊物单根绑扎不牢、吊物双根绑扎倾斜、长短料混吊、吊斗底部没有满铺等现象；

（2）要求体验者亲自找出相对应的错误示范，并讲出正确操作；

（3）讲师讲解正确的塔吊拆卸、使用规范及作业过程中常见的错误吊装方式使体验者对塔吊及其他起重机械的操作和注意事项有全面的了解。

3.2 钢丝绳使用体验

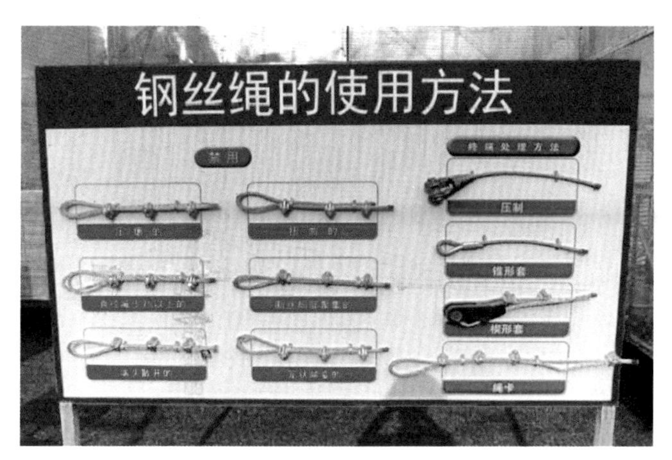

图 3-2 钢丝绳使用体验

体验要求和流程：

钢丝绳使用体验主要通过钢丝绳实物展板进行展示体验，展板中有多种类型的钢丝绳卡扣、钢丝绳绳夹的正确使用方法以及施工现场中存在常见的钢丝绳绳夹错误安装方法。通过对比展示与讲师讲解来指导工人学习钢丝绳的使用方法。

3.3 机械伤害体验

项目展示了各类切割机、电动工具及标准防护罩。体验者可通过实物操作分辨正确、错误的操作方法和标准的防护措施，以减少机械伤害事故。体验项目如图 3-3 所示。

图 3-3　机械伤害体验

1. 体验要求和流程

（1）机械伤害体验区设置有施工现场常见的小型施工机具，并有墙壁展板展示施工机具的使用方法、常见危害及防范措施。

（2）体验过程通过讲师的讲解和操作示范来介绍小型机具的正确使用方法，安全注意事项和作业过程中常见的错误操作方式以供工人全面深入了解。

2. 体验注意事项

体验前必须认真检查设备的性能，确保各部件正常工作。体验者不得位于电锯后侧，体验结束后及时断开电源。

3.4　机械作业体验考核

1. 填空题

（1）钢丝绳绳卡应在受力绳一边，绳夹间距不应小于钢丝绳的______倍。

（2）施工升降机应为人货两用电梯，其安装和拆卸工作必须由取得建设行政主管部门颁发________的专业队负责。

（3）最多允许有______名信号工向起重机操作员传递信号，如果通信中断，应该立即停止起重机的运行。

2. 选择题

（1）钢丝绳末端结成绳套时，最少用（　）个卡子。

A. 1　　B. 2　　C. 3　　D. 4

（2）当同一施工地点有两台塔机同时作业时，应保持两机间任何接近部位（包括吊装物）距离不得小于（　）m。

A. 1　　B. 2　　C. 3　　D. 4

3. 判断题（正确的打√，不正确的打×）

（1）在吊装过程中，作业人员用手直接引导控制。（　）

（2）设备在使用之前，先打开总开关，空载试转几圈，待确认安全无误后才允许启动。（　）

4　临时用电体验

4.1　综合用电体验

体验者可进行触电体验，亲身感受到微电流，认识到不同大小的电流对人体造成的伤害，学习安全用电知识，提高安全用电意识。体验项目如图 4-1 所示。

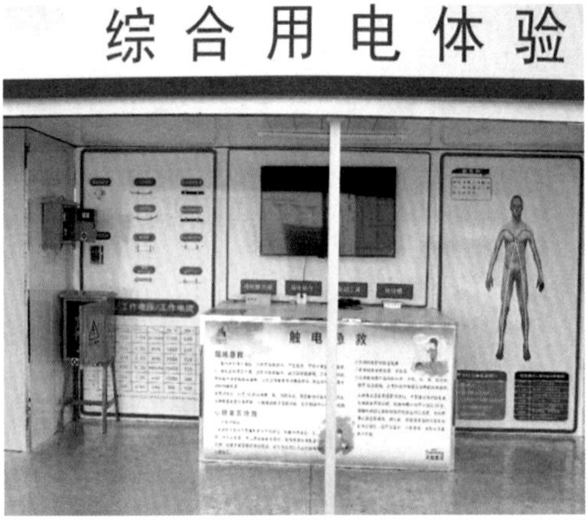

图 4-1　综合用电体验设施图

1. 体验要求和流程

（1）培训师向体验者讲解有关临时用电的知识。

（2）向体验者展示三种在施工现场常见错误的电箱，并提问工人都有哪些错误。工人指出一部分或者全部后，由培训师依次讲解每一个电箱的错误之处，让工人加深印象。

（3）进行触电体验，体验者将双手同时平铺放置在带电面板，此时会产生大约 1mA 的脉冲电流流经人体，使体验者明显感觉到被微弱电流电击到的真实麻麻的触觉。同时右边的模拟人体电路图也会发出红色，表示有电流经过人体。

2. 体验注意事项

进行触电体验时，体验者的双手要与带电面板接触，不可两根手指分别触碰带电面板，其正确体验姿势见图 4-2。

图 4-2　触电体验正确体验姿势

4.2　跨步电压体验

通过多媒体技术模拟了跨步电压的环境，体验者可亲身体验跨步电压带来的触电伤害并学习在跨步电压环境下如何自救。其体验项目如图 4-3 所示。

图 4-3　跨步电压体验设施图

1. 体验要求和流程

（1）体验者单脚一次踏入装置的模拟带电接触点，跨步前进至最前高压线搭落处。

（2）每走一步都要使得模拟带电触点反映到屏幕上，屏幕显示工人缓慢接近高压线接地处。

（3）直到工人走到最前端，屏幕会模拟工人因跨步产生的电压接触到人体，产生触电事故。

2. 体验注意事项

体验者需单脚依次踏准模拟带电体，以此来感应屏幕。其正确体验姿势如图 4-4 所示。

图 4-4　跨步电压正确体验姿势

4.3　湿地触电体验

采用多媒体控制系统模拟了带电的潮湿地面环境，体验者可通过触发系统产生触电效。从而教育体验者在潮湿作业环境下更易发生触电事故。体验项目如图 4-5 所示。

1. 体验要求和流程

（1）要求体验者脱掉鞋袜，穿上特制的导电拖鞋，缓慢走在湿地接触平台上。

（2）静静感受 1mA 的脉冲电流，流经人体时的触电感觉。

图 4-5　湿地触电体验设施

2. 体验注意事项

进行湿地触电体验时，体验者需穿上特制的导电拖鞋，其体验姿势如图 4-6 所示。

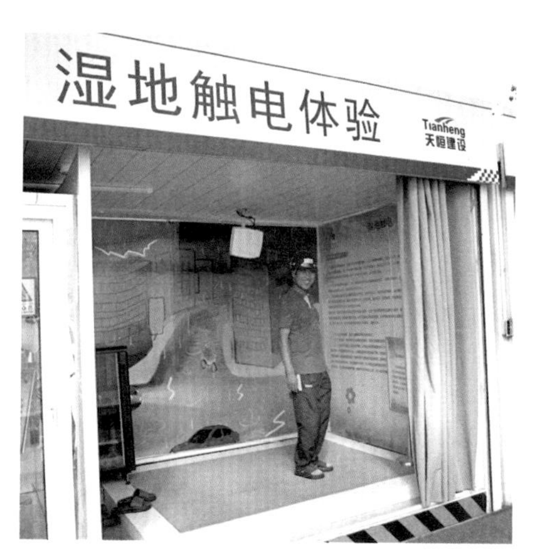

图 4-6　湿地触电体验

4.4 临时用电体验考核

1. 填空题

（1）施工现场用电设备必须实行“一____一____一____一____”制，一个开关只能控制一台设备。

（2）建筑施工现场临时用电工程专用的电源中性点直接接地的220/380V 三相四线制低压电力系统，必须符合________、________、________规定。

（3）通过人体的最低安全电流为______mA。

（4）电工在停电维修时，必须在闸刀处挂上“正在检修，不得______”的警示牌。

2. 选择题

（1）开关箱中漏电保护器的额定漏电动作电流不应大于（　）mA。

A. 10　　B. 20　　C. 30　　D. 50

（2）电焊机一次线的长度不能大于（　）m。

A. 3　　B. 5　　C. 8　　D. 10

3. 判断题（正确的打√，不正确的打×）

（1）配电箱、开关箱的接线应由电工操作，非电工人员不得乱接。（　）

（2）如果遇到高压线断落，自己又在跨步电压范围内，这时，应当用双脚跳出危险区。（　）

5 火灾事故体验

火灾发生的必然条件是同时具备氧化剂、可燃物、点火源，三要素缺少任何一个，燃烧都不能发生或持续。同样在建筑施工过程中预防火灾事故也应该将重点放在可燃物存放区域与可能发生的点火源。

5.1 消防用品展示

通过展示介绍，让体验者认识各类消防设施，学习使用方法，提高体验者消防方面的知识,提高初期灭火能力。项目如图 5-1 所示。

图 5-1 消防用品展示设备

体验要求和流程

（1）介绍建筑施工现场常见消防设施并指出其适用范围。建筑施工现场必须按要求配备消防设施，这些消防设施只适用于扑灭初期火灾。

（2）讲解遇到发火紧急情况应如何处置。发现灾情后应该冷静判断火势，根据火源情况进行扑灭或及时拨打火警电话 119 并呼救提醒、组织人员有序撤离。

（3）介绍常用消防法规知识。私自移动、挪用消防器材是一种违法行为。消防栓水不得改为施工、生活用水。

5.2　灭火器演示体验

本项目包含灭火器使用演示、多场景灭火体验。体验者可学习灭火器的使用方法及适用范围；通过多媒体模拟多种起火场景，体验者可选择不同种类的灭火器灭火体验。体验项目如图 5-2 所示。

图 5-2　灭火器演示体验设施

1. 体验要求和流程

（1）培训师向体验者讲解有关灭火器相关知识。

（2）灭火器只适用于火灾初期的现场扑救。体验设备通过声、光、烟，模拟真实火灾场景，教导工人灭火器的正确使用方法，即“一提二拉三瞄四喷”。

（3）协助体验者进行操作，将先除掉铅封，提起灭火器，拉开灭火器上的保险销；将喷管瞄准火源的底部；压下手柄将罐内灭火材料喷出。

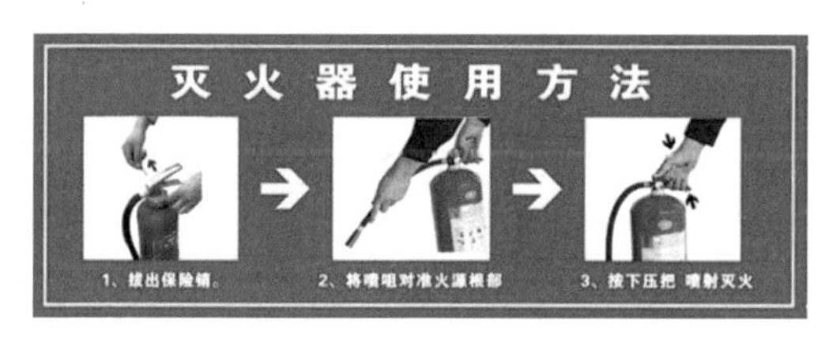

图 5-3　灭火器使用方法示意图

2. 体验注意事项

进行灭火器演示体验时应将喷管瞄准火源的底部，其正确体验姿势如图 5-4 所示。

图 5-4　灭火器演示体验正确姿势

5.3　火灾逃生体验

通过烟雾系统、红外系统、监控系统，模拟了火灾现场的烟雾环境，体验者可体验学习正确的逃生要领和注意事项。体验项目如图 5-5 所示。

1. 体验要求和流程

（1）向体验者讲述遇到较大火灾事故注意事项：遇到火灾首先

图 5-5　烟雾逃生体验设施

要沉着冷静，及时正确判断火情并对火势发展有一个大致估计，判断自己的逃生路线或者等待救援。切不可随意逃窜或是跳楼。

（2）讲解正确的逃生方法：将毛巾或衣物打湿捂住口鼻，身体猫腰、半蹲，根据应急指示灯贴墙行走寻找安全出口逃生。

（3）讲解建筑消防、逃生常见问题：建筑物应该设置必要的消防疏散设施，逃生通道不得堆放杂物，不得将门锁死。

2. 体验注意事项

烟雾走廊能见度较低要当心脚下，调整合适步伐不要过急，预防摔倒事故。其正确体验姿势如图 5-6 所示。

5.4　火灾事故体验考核

1. 填空题

（1）灭火器的正确使用方法是，“一 ______二______三______四______”。

（2）施工现场必须配备合格灭火器，灭火器为压力容器，压力表指针应处于______色区域。

（3）灭火器的种类有______、______、______、______。

图 5-6　烟雾逃生正确体验姿势

2. 选择题

（1）可燃材料堆场及其加工场、固定动火作业场与在建工程的防火间距不应小于（　　）m。

A. 5　　B. 10　　C. 15　　D. 20

（2）氧气瓶和乙炔瓶使用时不得倒置，两瓶间距不得小于（　　）m。

A. 3　　B. 5　　C. 10　　D. 15

3. 判断题（正确的打√，不正确的打×）

（1）动火作业人员张某自认技术娴熟，在未申请动火证的情况下直接进行作业。（　　）

（2）如果遇到火灾被困住时，工人将毛巾或衣物打湿捂住口鼻，身体猫腰、半蹲，根据应急指示灯贴墙行走寻找安全出口逃生。（　　）

6 有限空间作业体验

有限空间作业是指作业人员进入有限空间实施的作业活动。在污水井、排水管道、集水井等可能存在中毒、窒息、爆炸风险的有限空间内从事施工或者维修、排障、保养、清理等的作业统称为有限空间作业。

6.1 有限空间作业体验

本项目设置了密闭空间作业环境，展示了各类密闭空间作业使用的防护工具及使用方法。体验者通过进入模拟有限空间作业环境，感受其中可能存在的危害，提高自身防范意识。体验项目如图 6-1 所示。

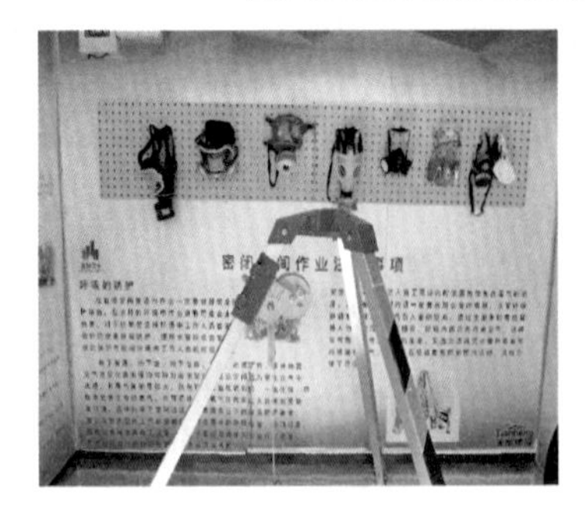

图 6-1 有限空间体验

1. 体验要求和流程

（1）培训师向体验者讲解防毒面罩和三脚架的正确使用方法，以及分类用途；

（2）探测有限空间危险作业场所的空气质量是否符合安全要求；

（3）选取体验者进行防护防毒面罩，培训师协助体验者佩戴好防毒面罩，并检查有无漏气，如图 6-2 所示。

图 6-2　防毒面罩正确佩戴

图 6-3　进入有限空间示意图

（4）体验者爬行进入模拟受限空间内部，培训师遥控控制释放无毒烟气，营造危险的施工作业环境，如图 6-3 所示。

（5）想象假使未佩戴防毒面罩在发生事故时可能带来的后果，从而预防事故的发生。

2. 体验注意事项

（1）使用前对设备进行全面检查。

（2）释放无毒烟气量控制在一定范围内，切勿过量。

（3）体验者爬出后，应及时调整呼吸，如有任何不适请立即告知培训师。

6.2　有限空间作业体验考核

1. 填空题

（1）作业人员工作面发生变化时，视为进入新的有限空间，应______后再进入。

（2）建筑施工现场有限空间作业发生的常见危害有______、______、______、______、______等。

2. 选择题

（1）如果在有限空间内的氧气浓度低于（　）度，那么在进入这些空间之前必须进行通风。

A. 17.5　　B. 18.5　　C. 19.5　　D. 20.5

（2）有限空间作业检测的时间不得早于作业开始前（　）min。

A. 20　　B. 30　　C. 60　　D. 90

3. 判断题（正确的打√，不正确的打×）

（1）在进行有限空间作业时，应遵循“先通风换气、再检测评估、后安排作业”的原则。（　）

（2）在进行有限空间作业时，李某发现工友在空间内昏倒，立刻进入空间去救助工友。（　）

7 动土作业体验

动土作业是指在生产、作业区域使用人工或推土机、挖掘机等施工机械，通过移除泥土形成沟槽、坑或凹地的挖土、打桩、掘井、钻孔、地锚入土等深度在 0.5m 以下的作业。按照不同的标准可把动土作业划分为多种类型。

7.1 挡土墙倾倒体验

挡土墙倾倒体验项目通过模拟墙体、边坡、大模板等倾倒坍塌场景，加深体验者对施工现场易出现坍塌部位及相关预防知识的印象，并指导体验者遭遇坍塌时的自救与自护方法。体验项目如图 7-1 所示。

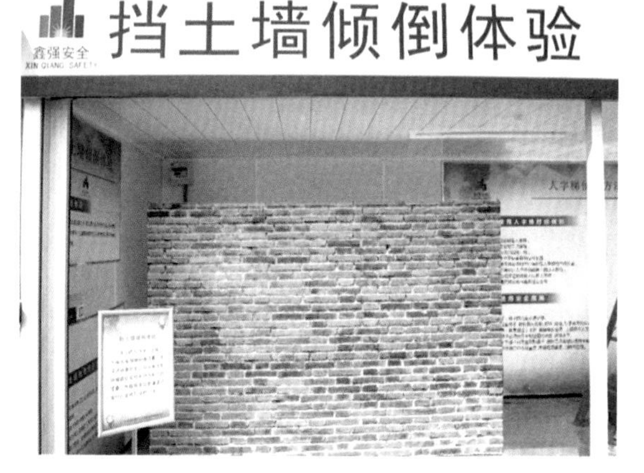

图 7–1 挡土墙倾倒体验设施

1. 体验要求和流程

（1）体验者双手紧抱住头部，靠近模拟挡土墙根部，呈下蹲姿势；

（2）启动装置后，模拟挡土墙向下倾倒，正确逃生方向是体验者沿挡土墙根部快速逃生；

（3）培训师强调纠正错误逃生方向。

2. 体验注意事项

体验前对设备进行全面检查。体验前培训师做好正确逃生示范动作。其体验姿势如图 7-2 所示。

图 7-2　挡土墙倾倒体验

7.2　动土作业体验考核

1. 填空题

（1）所有作业人员不准在______、______、______、______内休息，上端边沿不准人员站立、行走。

（2）开挖基础时，应经常检查和注意基坑边坡的土体变化情况，有无开裂、位移现象。堆放材料应离槽（坑）边______m 以上。

（3）动土作业施工现场应根据需要设置______、______和______，夜间应悬挂______示警。

2. 选择题

（1）机械或人工挖土时为防止坍塌，不要掏挖；同时人工挖槽时，深度超过（　）m 必须按照规定放坡或设支护。

A. 0.5　　B. 1.5　　C. 2.5　　D. 3.5

（2）当基坑开挖深度超过(　　)m[含(　　)m]或虽未超过(　　)m，但地质条件和周边环境复杂的基坑（槽）支护应编制专项支护方案。

A. 3　　B. 5　　C. 10　　D. 15

3. 判断题（正确的打√，不正确的打×）

（1）作业人员上下基坑时，不必要走马道或搭好的梯子。(　　)

（2）当被埋在坍塌的建筑物中时，身体姿势不要仰面，而是转过身呈俯卧姿势，同时头部不能贴地，尽量爬到能让头部安全的地方。(　　)

8　VR 虚拟现实技术体验

VR 虚拟现实技术在建筑安全教育培训中的应用，就是利用计算机生成一种施工现场各类危险源及多发事故的模拟环境，采用交互式的三维动态视景和实体行为的系统仿真，让体验人员穿戴 VR 设备沉浸到虚拟现实的环境中，通过 VR 世界的沉浸感将体验者置身于高处坠落、物体打击等“真实的”施工伤亡事故场景中，直观地感受到违章作业带来的危害，让体验者真正从内心认识到预防事故的重要性。体验项目如图 8-1、图 8-2 所示。

图 8-1　VR 体验

1. 体验要求和流程

（1）实施 VR 虚拟现实体验，要求体验者穿戴好 VR 头盔，双手持摇杆进入 VR 场景环境进行操作；

（2）体验者进入 VR 场景环境后，第一感受就是场景真实，配上施工现场声效，更是让人感觉身临其境；

（3）在体验过程中，尽管体验者知道自己所处的真实位置是在地面，但仍然有易于从高处坠落的恐惧感，从而感受到无防护状态下高处作业的危险性。

高处坠落事故

触电事故

物体打击事故

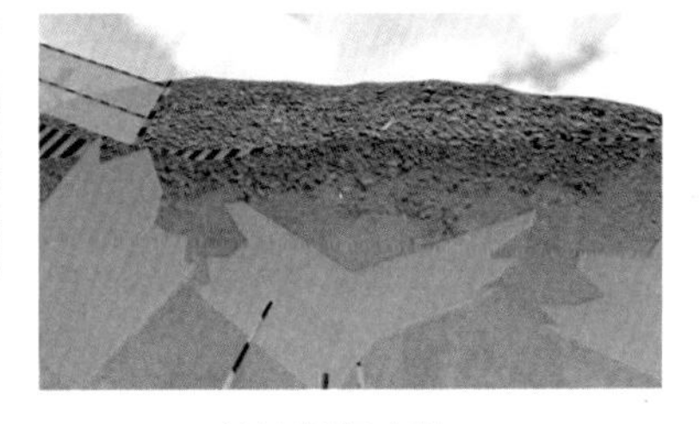

基坑坍塌事故

图 8-2　VR 建筑事故体验视角

9　日常作业体验

9.1　搬运重物体验

体验者可在指导下学习正确的搬运重物姿势和步骤，并进行体验学习，从而预防搬运重物造成的伤害。体验项目如图 9-1 所示。

图 9-1　搬运重物体验

1. 体验要求和流程

（1）目测重物的尺寸和重量，了解形状，边角尖锐，观察工作区域工作环境；

（2）向前一步走，一般是双脚分开，便于身体保持平衡；

（3）屈膝或者蹲下，腰部保持垂直；

（4）抓住货物的牢固把手，保持手的清洁、干燥，确保货物靠近身体；

（5）升高货物主要靠腿部力量，腰部平稳缓慢的升高，避免猛然用力和任何扭腰动作；

（6）放好货物并保持身体放松。

2. 体验注意事项

（1）培训师正确示范搬运动作要领，让工人看清看懂；

（2）强调几个步骤的发力点；

（3）重物箱子有一定重量即可，无需全重。

9.2　急救演示体验

利用人体模型为体验者演示心肺复苏术等相关急救方法。体验者在体验时，演示器会给出各种提示，以便于体验者提高技术水平，真正达到熟练掌握心肺复苏术的操作要领。体验项目如图 9-2。

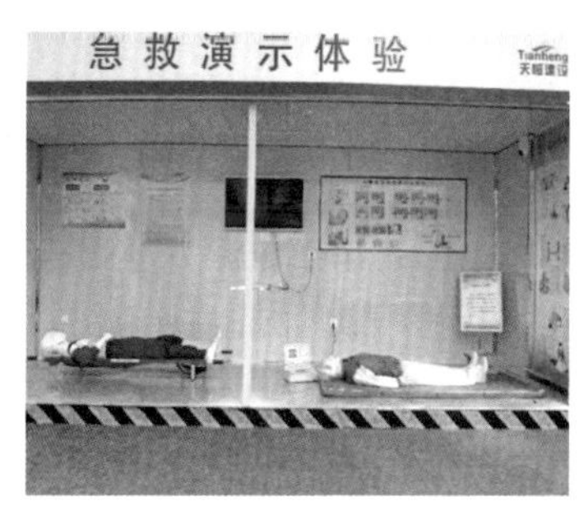

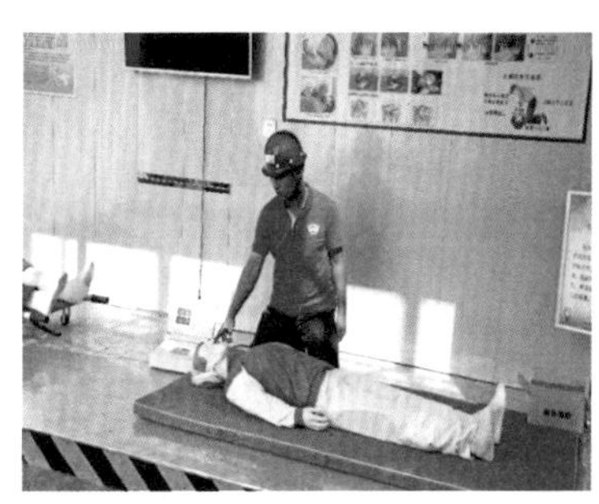

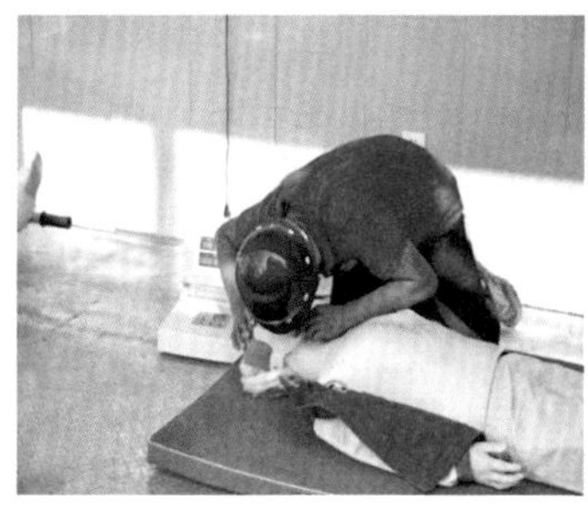

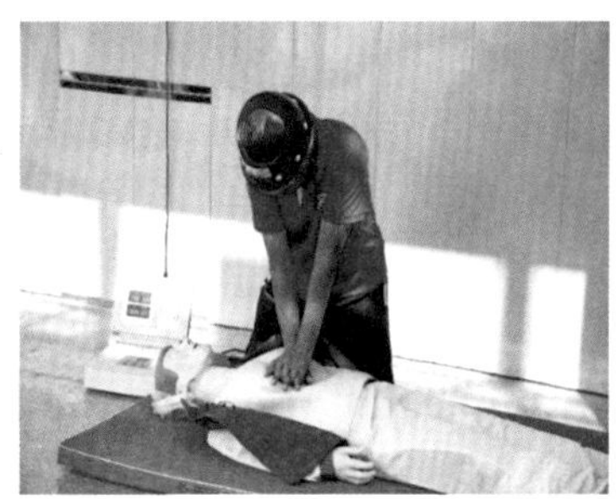

图 9-2　急救演示体验

体验要求和流程：

（1）评估意识：轻拍患者双肩、在双耳边呼唤（禁止摇动患者头部，防止损伤颈椎）。如果清醒（对呼唤有反应、对痛刺激有反应），要继续观察，如果没有反应则为昏迷，进行下一个流程。

（2）检查及畅通呼吸道：取出口内异物，清除分泌物。用一手推前额使头部尽量后仰，同时另一手将下颏向上方抬起。注意：不要压到喉部及颌下软组织。

（3）人工呼吸：判断是否有呼吸，一看二听三感觉（维持呼吸道打开的姿势，将耳部放在病人口鼻处）。一看：患者胸部有无起伏；二听：有无呼吸声音；三感觉：用脸颊接近患者口鼻，感觉有无呼出气流。如果无呼吸，应立即给予人工呼吸2次，保持压额抬颏手法，用压住额头的手以拇指食指捏住患者鼻孔，张口罩紧患者口唇吹气，同时用眼角注视患者的胸廓，胸廓膨起为有效。待胸廓下降，吹第二口气。

9.3 平衡木体验

通过设置平衡木模拟对平衡能力有要求的施工环境。平衡木还能用于检测体验者的平衡能力，并结合醉酒眼镜进行酒后作业体验。体验项目如图9-3所示。

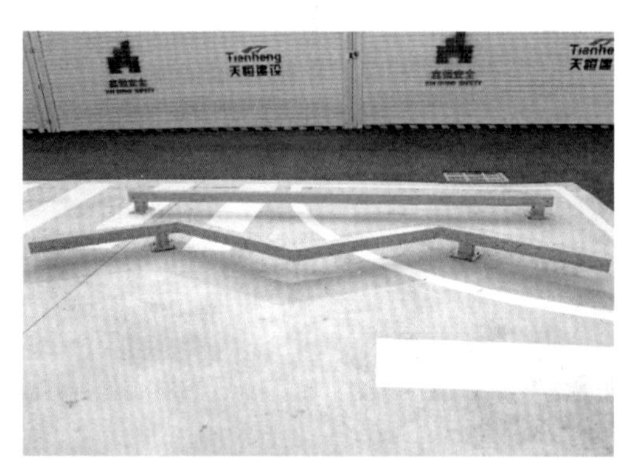

图9-3 平衡木体验

1. 体验要求和流程

（1）平衡木是体验自身平衡能力及动作的正确性，该项目共设直行线和“Z”形平衡木；

（2）要求体验者佩戴好安全帽，上身保持直立，水平张开双臂，一次性正常通过平衡木。

2. 体验注意事项

体验者在体验过程中，匀速缓慢通过平衡木，以免速度过快落地不稳导致扭伤到脚踝。

9.4 不良马道体验

施工马道的设置，就是为了便于施工人员的人行通道，便于小型机具物资转运，达到安全生产的便利目的。体验项目如图 9-4 所示。

图 9-4 不良马道体验

1. 体验要求和流程

（1）讲师要求体验者按顺序依次踏上马道，双手扶住马道两边的栏杆；

（2）缓慢向上攀爬，体验者的双脚感受不规则的马道铺设木板所带来的身体行进不稳。

2. 体验注意事项

（1）体验者须缓慢向上攀爬，双手扶住马道两边栏杆；

（2）双脚必须在马道木板踩实后，再向上行进，避免脚下打滑摔落下去；

（3）讲师在楼上做好相应安全准备工作。

9.5 整理整顿体验

针对施工现场经常会出现在安全通道堆放杂物的情况，其严重影响工作人员的正常通行，并带来一定的安全隐患等问题，要求体验者将安全通道内乱摆乱放的脚手板清理干净，保障通道畅通。目的是培养施工人员养成对场地施工设备进行整齐、有序的整理习惯。体验项目如图 9-5 所示。

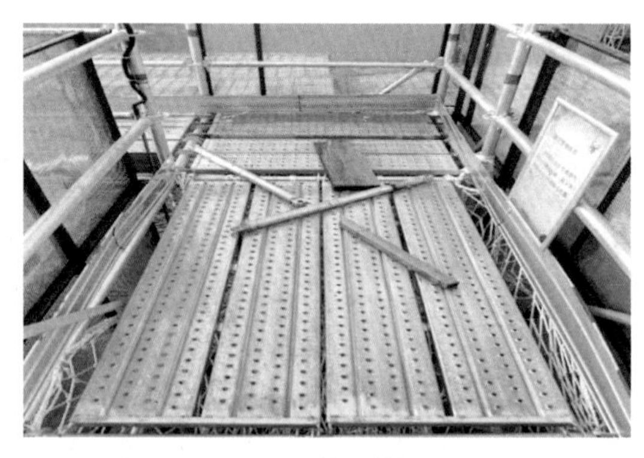

图 9-5 整理整顿图

（1）设备、材料在现场一定要码放整齐成形，切忌横七竖八，乱摊乱放。

（2）木板上、墙面上突出的钉子，螺丝钉要及时割除，以免给自己和他人带来危害。

（3）上道工序交给下道工序的作业面，要经过彻底的清理整顿，打扫干净。

（4）自觉保护设备、构件、地面、墙面的清洁卫生和表面完好，防止“二次污染”和设备损伤。

（5）主管要每天安排或检查作业场所的清理整顿工作，作业面做到“工完料尽场地清”，整个现场做到一日一清，一日一净。

9.6 安全通道和不良水平通道对比体验

施工现场安全通道是保证工人安全的重要措施，是为工人行走、运送材料和工具等设置的。体验项目如图 9-6 所示。

不良通道

安全通道

图 9-6 安全通道体验

1. 体验要求和流程

（1）讲师首先要求体验者按顺序通过脚手板未满铺或者劣质脚手板的不良通道；

（2）然后再依次平稳地通过铺满脚手板的安全通道，对比体验施工现场中常见的在劣质脚手板等通道通行所带来的危险性。

2. 体验注意事项

（1）体验者须双手扶住通道两边的栏杆，缓慢通过不良通道；

（2）双脚必须在通道木板踩实后，再向前迈步走过去，避免木板打滑和移动造成人员滑落；

（3）小心踩到探头板，不良通道脚手板下的安全网作为最后一道安全保护措施，务必挂紧挂牢。

9.7 日常作业体验考核

1. 填空题

（1）安全通道下方必须悬挂可靠固定的水平安全网，宽度不得小于____m，长度不得小于____m，网眼为____mm。

（2）马道两边栏杆不低于____m，间距不大于____m，踢脚不低于____m。

（3）在发生触电事故后，对于呼吸停止者，立即进行________；对于心脏停搏者，进行________。

2. 选择题

（1）进行胸外心脏按压时，一般来说，心脏按压与人工呼吸比例为（　）。

A. 10:2　　B. 30:2　　C. 50:2　　D. 80:2

（2）施工人员要按照每天的作业计划领用设备和材料，做到当天领当天用完。特殊情况下，设备、材料在现场的存放时间也不得超过（　）天。

A. 1　　B. 2　　C. 3　　D. 4

3. 判断题（正确的打√，不正确的打×）

（1）施工现场的安全通道脚手板必须满铺，切记出现探头板。（　）

（2）工友王某在午饭时喝了些酒，下午仍然继续进行作业。（　）

附录　施工现场安全标识

1. 禁止标识

禁止吊篮乘人

禁止堆放

禁止抛物

禁止戴手套

化纤
禁止穿化纤服装

禁止穿带钉鞋

禁止饮用

2. 警告标志

注意安全

当心火灾

当心爆炸

当心腐蚀

当心中毒

当心感染

当心触电

当心电缆

当心机械伤人

当心扎脚

当心吊物

当心坠落

当心伤手

当心落物

当心坑洞

当心烫伤

当心弧光

当心塌方

当心冒顶

瓦斯
当心瓦斯

当心电离辐射

当心裂变物质

当心激光

当心微波

当心车辆

当心火车

当心滑跌

当心绊倒

3. 指令标志

必须戴安全帽

必须戴防毒面具

必须戴防尘口罩

必须戴护耳器

4. 提示标志

紧急出口

紧急出口

可动火区

避险处

应急避难场所

急救点

应急电话

火警电话

灭火器

地上消火栓

地下消火栓

消防水泵接合器